Bibliografische Information der Deutschen Nationalbibliothek:

Die Deutsche Bibliothek verzeichnet diese Publikation in der Deutschen National-
bibliografie; detaillierte bibliografische Daten sind im Internet über http://dnb.d-
nb.de/ abrufbar.

Impressum:

Copyright © 2017 GRIN Verlag, Open Publishing GmbH
Druck und Bindung: Books on Demand GmbH, Norderstedt Germany
ISBN: 9783668438255

Dieses Buch bei GRIN:

http://www.grin.com/de/e-book/365648/zur-potentialtheoretischen-untersuchung-
der-stroemungswirklichkeit-einer

Michael Dienst

Zur potentialtheoretischen Untersuchung der Strömungswirklichkeit einer standardisierten Laborfinne

Fluidmechanik der Surfboardfinnen

GRIN Verlag

Zur potentialtheoretischen Untersuchung der Strömungswirklichkeit einer standardisierten Laborfinne

Mi. Dienst, Berlin 2017

ABSTRACT

Zur Erforschung der Strömungswirklichkeit von Surfboardfinnen kommen numerische Simulationsprogramme zum Einsatz. Gegenstand dieser Untersuchung sind synthetische Tragflügel, die als artifizielle, standardisierte Laborfinnen, so genannten LABFins definiert werden. Dieserart ist die „qFin" eine lateral und axial symmetrische Surfboardfinne mit elliptischer Profilkontur und quadratischer Tragfläche. Bei der Analyse mit der Potentialtheorie werden Gleichungen gelöst, deren verallgemeinernde Beschreibung einer raum- und materialbezogenen Form, der sogenannte Arbitrary Lagrangian-Eulerian-Formulierung folgt. Die Berechnungsergebnisse liegen in Diagrammen und Tabellen vor.

INTRO

Simulationssoftware nimmt in den naturwissenschaftlichen und ingenieurwissenschaftlichen Berufsfeldern einen zunehmend größeren Anteil ein: organisatorisch, zeitlich und hinsichtlich der Kosten. In maschinenbaubetonten Produktentwicklungsszenarien werden bereits in der frühen Phase physikalische Wirkprinzipien Funktionsstrukturen und numerische Funktionsmodelle nachgefragt. Computersimulationen geben erste Auskünfte über Form und Art, Abmessungen, Anordnung der Gestaltungselemente eines frühen Entwurfs und bilden die Entscheidungsgrundlagen für die weitere Entwicklung. An Bedeutung gewinnen auch gegenständliche Modelle, die mit konventioneller Gießtechnik oder in Rapid Prototyping-Verfahren (RP) direkt aus CAD-Datenbeständen generiert werden. Experimentieren mit gegenständlichen Modellen umfasst das ganze Spektrum sehr einfacher Tests bis hin zu aufwändigen Erprobungen mit Prototypen und Vorläuferprodukten. Aus den Geometriedatenbeständen ableitbare Beanspruchungsmodelle dienen der Klärung des Bauteilverhaltens bei äußerer Beanspruchung, Verformungs- und Funktionsmodelle zur Analyse des Bauteilverhaltens hinsichtlich Festigkeit, Kinematik, Dynamik, und gegebenenfalls thermischen Verhaltens.

STRÖMUNGSSIMULATION

In der Technik sind es fluidmechanische Fragestellungen, die sowohl einen hohen strukturellen Aufwand (Windkanäle, Strömungsmessstrecken), ausgefeilte numerische Methoden (Strömungssimulation, Computational Fluid Dynamics, CFD) als auch eine sehr hohe theoretische Sachverständigkeit aller Beteiligten fordern. Die numerische Strömungsmechanik ist eine Schlüsselkompetenz in der Ingenieurausbildung und in der anwendungsbezogenen Forschung. Die rezente Forschung der BIONIC RESEARCH UNIT[1] der Beuth Hochschule für Technik Berlin betrifft die Untersuchung strömungs-mechanischer Phänomene von flexiblen, belastungs-adaptiven Tauch- und Schwimmkörper-strukturen mit analytischen, experimentellen und numerischen Methoden mit dem Ziel, ein Handbuch mit Regeln für Konzepte, Entwürfe und Konstruktionen innovativer Leit- und Steuertragflächen, insbesondere für Surfboardfinnen zu erarbeiten.

Für die Erforschung der Strömungswirklichkeit von Surfboardfinnen sollen experimentelle, analytische Methoden und Simulationsprogramme zum Einsatz kommen. Gegenstand der ersten Untersuchungen sind synthetische Surfboardfinnen, so genannte „LAB Fins" die als artifizielle, standardisierte Laborfinnen (LABFin) eindeutig gestaltet und herzustellen sind. Laborfinnen nach dem LABFin-Standard werden im Laufe der Untersuchung als materielle Technik- und Technologie –Demonstatoren und als Computermodelle vorliegen. Die meisten kommerziellen Computerprogramme zur Strömungssimulation verwenden so genannte Reynolds-gemittelte Navier-Stokes-Gleichungen. Derartige CFD-Solver benötigen oft längere Rechenzeiten zur Simulation und Berechnung der Strömungswirklichkeit von Surfboardfinnen. Auf der anderen Seite der Skala stehen Potentialtheoretische Verfahren. Hier verkürzen sich die Berechnungszeiten um den Faktor 1000. Zunächst werden die wesentlichen Unterschiede zwischen CFD und Potentialtheoretischen Verfahren angesprochen ohne jedoch auf Grundaussagen der klassischen Strömungsmechanik einzugehen. Hier sei auf die einschlägige Literatur[2] verwiesen [Tham-08] [Lech-14] [Scha-13] [Oert-11].

vollständige dreidimensionale NAVIER-STOKES Gleichungen			
Reynolds-gemittelte NAVIER -STOKES Gleichungen			Turbulenz Modelle
EULER Gleichungen		Keine Reibung, keine Ablösung	
Potentialgleichungen		Keine Reibung, Impuls-Verluste oder Ablösung	
Potentialgleichungen	FRIKTION	Impuls-Verluste oder Ablösung	
Potentialgleichungen	FRIKTION	TRANSITION	Impuls-Verluste

Strömungen können auf unterschiedliche Weise beschrieben werden. Die EULER-Formulierung geht von einem raumfesten Koordinatensystem aus. Werden dagegen materielle Partikel des strömenden Mediums verfolgt, so spricht man von der sogenannten

---

[1] Die BIONIC RESEARCH UNIT ist eine auf Forschung bezogene Fachgruppe für Bionik der Beuth Hochschule für Technik Berlin. Die Fachgruppe hat seit ihrer Gründung im Jahre 2005 zahlreiche Forschungsvorhaben auf dem Gebiet der numerischen Strömungssimulation initiiert und durchgeführt.

[2] Siekmann, H.E., Thamsen, P. U. (2008) Strömungslehre Grundlagen, Springer Verlag Berlin Heidelberg. Lecheler, S. (2014)Numerische Strömungsberechnung Springer Verlag Berlin Heidelberg.
Schade, H. (2013) Strömungslehre. De Gruyter Verlag.
Oertel jr., H., Böhle, M., Reviol, Th. (2011) Strömungsmechanik, Grundlagen. Springer Verlag Berlin Heidelberg.

materialbezogenen oder LAGRANGE-Formulierung. Bei der Untersuchung der Fuid-Struktur Wechselwirkung beweglicher, strömungsadaptiver Bauteile in einem Fluid müssen stark verformte Bereiche oder bewegliche Grenzen in der jeweiligen Formulierung abgebildet werden. Für eine gemeinsame Beschreibung der Bewegungen eines Mediums darf eine übergeordnete, willkürliche (engl. arbitrary) Beschreibung aus raum- und materialbezogener Formulierung, die sogenannte Arbitrary Lagrangian-Eulerian-Formulierung (ALE) erfolgen.

Angewandt auf das Gebiet κ und mit dem NABLA-Operator[3] kann für die Erhaltung von Masse, Impuls und Energie geschrieben werden:

$$\textbf{Masse:} \qquad d\rho/dt \;=\; (\delta\rho/\delta t)_\kappa + v \cdot \nabla\rho$$

$$\textbf{Impuls:} \qquad \rho(dv/dt) \;=\; \rho((\delta v/\delta t)_\kappa + (v \cdot \nabla)v\,)$$

$$\textbf{Energie:} \qquad \rho(dE/dt) \;=\; \rho((\delta E/\delta t)_\kappa + v \cdot \nabla E\,)$$

Auf einer abstrakten Ebene liefert die (dimensionslose) Navier-Stokes-Gleichung Aussagen über Transportvorgänge in einer Strömungs-Wechselwirklichkeit:

Lokale Beschleunigung +	*konvektive Beschleunigung*	*=*	*Druck +*	*Reibung*
$(\delta v/\delta t)_\kappa$ +	$(v \cdot \nabla)\, v$	$=$	$-\nabla p$ +	$\Delta v \cdot Re^{-1}$

Die vereinfachte Betrachtung der reibungsfreien Umströmung ist die EULER-Gleichung[4]:

Lokale Beschleunigung	+	*konvektive Beschleunigung*	*=*	*Druck*
$\rho\,(\,(\delta v/\delta t)_\kappa$	+	$(v \cdot \nabla)\; v\,)$	$=$	$-\nabla p$

EULER-Gl. für eindimensionale Strömung u(s): $\qquad (\delta u/\delta t) + u\,(\delta u/\delta s) = -\,1/\rho\,(dp/ds)$
BERNOULLIi-Gl. für reibungsfreie stationäre Strömung : $\quad u^2/2 + p/\rho = const.$

Die Navier-Stokes-Gleichungen gelten für (fast) alle Strömungen. Um das gegebene Strömungsproblem lösen zu können, sind neben der Geometrie auch fluidmechanische Randbedingungen notwendig. Nur durch die Wahl physikalisch richtiger Randbedingungen stellt sich auch eine Strömung ein. Grundsätzlich fragen wir zuerst: Was strömt in das Strömungsgebiet ein, was strömt heraus. Welcher Art ist die Strömung an den Wandungen des Modells. Wir unterscheiden die Randbedingungen nach physikalischen Randbedingungen, pRB und numerischen Randbedingungen, nRB. Hierin sind: pRB, alle vorgegebenen Größen am (Berechnungs-) Rand und nRB, alle berechenbaren Größen am (Berechnungs-) Rand. Die Anzahl der zu lösenden Erhaltungsgleichungen muss der Summe aller physikalischen Randbedingungen Σ pRB und aller numerischen Σ nRB entsprechen. Im dreidimensionalen Fall sind das also $S_{3D} = \Sigma$ nRB $+ \Sigma$ pRB $= 5$. Die eine numerische Randbedingung (innen) am Einströmrand EIN wird vom Simulationsprogramm berechnet, die

---

[3] Der Nabla Operator ∇ angewandt auf ein Skalarfeld f: $\qquad$ grad f $\;=\; \nabla f \;=\; \delta f/\delta x + \delta f/\delta y + \delta f/\delta z$

$\quad$ Der Nabla Operator ∇ angewandt auf ein Vektorfeld V: $\quad$ div V $\;=\; \nabla \cdot V \;=\; \delta V_x/\delta x + \delta V_y/\delta y + \delta V_z/\delta z$

[4] Die EULER-Gleichung für eine eindimensionale Strömung u(s) lautet: $(\delta u/\delta t) + u\,(\delta u/\delta s) = -\,1/\rho\,(dp/ds)$

vier äußeren physikalischen Randbedingungen pRB müssen vorgegeben werden; z.B. den Totaldruck p_t, die Totaltemperatur T_t die Zuströmrichtung in der xz-Ebene (bzw. das Verhältnis der Zuströmgeschwindigkeit w/u) und die Zuströmung in der xy-Ebene (bzw. das Verhältnis der Zuströmgeschwindigkeit v/u) die wir in unserem virtuellen Finnen-Strömungskanal als den Anströmwinkel α benennen werden. In anderen Anwendungen sind Randbedingungen, wie beispielsweise der Massenstrom $\underline{m}$ anzugeben. Am Abströmrand AUS wird lediglich eine physikalische Randbedingung gefordert, in der Regel ein statischer Druck p=konst. oder eine statische Druckverteilung p=f(y,z); die vier numerischen Randbedingungen werden vom Simulationsprogramm berechnet. Am Festkörperrand des Strömungsraumes müssen vier physikalische Ranbedingungen angegeben werden - drei Geschwindigkeitskomponenten und die Wandtemperatur, bzw. deren Gradient falls dieser bekannt ist - und eine Randbedingung nRB wird vom Programm berechnet. Bei reibungs-behafteten Strömungen gilt (die so genannte Haftbedingung) dass die Geschwindigkeits-komponenten an der Wand verschwinden: u=v=w=0.

POTENTIALLÖSER

Die durch einen Potentiallöser erstellte Strömungswirklichkeit kann in ausgesuchten Fällen mit hoher Wahrscheinlichkeit an das reale Strömungsphänomen hinreichen. In der Potentialtheorie werden, unter Berücksichtigung spezieller Randbedingungen, geschlossene (Potential-) Gleichungen aufgestellt und gelöst. Eingebettet in moderne Programmumgebungen können potential-theoretische Berechnungen sehr schnell sein. Wir betrachten in diesem Aufsatz nur ebene Strömungsfelder. Wegen der Linearität der Gleichungen gilt für Potentialströmungen das Superpositionsprinzip, das die Darstellung und Berechnung komplexer Lösungen aus der Überlagerung von einfachen Strömungen für die Elementarlösungen erlaubt. Für Potentialströmungen ist die Zirkulation immer dann Null, wenn keine Festkörper oder Singularitäten eingeschlossen werden. Mit der Zirkulation lassen sich Wirbelstärke und Auftriebskräfte berechnen. Als Potential werden hierbei Skalarfunktionen verstanden, deren partielle Ableitung eine Größe mit physikalischer Bedeutung angibt. Ist eine Strömung wirbelfrei, so folgen aus dem Gradienten der Feldfunktion die Geschwindigkeits-komponenten der Strömung. Bei wirbelfreien Strömungen sind die Vektorkomponenten nicht mehr unabhängig voneinander sondern über das Potential verbunden. Nach dem Satz von Kutta-Joukowsky kann die auftriebsbehaftete Umströmung eines Profils als Kombination aus Parallel- und Zirkulationsströmung betrachtet werden, wenn die (Kutta`sche) Abfluss-bedingung erfüllt ist. Diese fordert ein glattes Abströmen des Fluids an der Hinterkante. Die Programmsysteme JAVAFOIL, EPPLER und XFOIL[5] sind robuste, einfache Codes zur zweidimensionalen Strömungsberechnung nach der Potentialtheorie und arbeiten mit

---

[5] Das frei verfügbare Programm *JavaFoil* ist in der Programmiersprache Java geschrieben. The <u>potential flow analysis</u> is done with a higher order *panel method* (linear varying vorticity distribution). Taking a set of airfoil coordinates, it calculates the local, inviscid flow velocity along the surface of the airfoil for any desired angle of attack. <u>http://www.mh-aerotools.de/airfoils/javafoil.htm</u>

The Eppler program PROFIL from *Public Domain Computer Programs for the Aeronautical Engineer* containing the original source code, the source code converted to modern Fortran, and several test cases, references for the Eppler program and a revision of Eppler models that includes a correction for compressibility in: <u>http://www.pdas.com/epplerdownload.html</u>

XFOIL wurde in den 1980er Jahren von Mark Drela als Entwicklungstool im Daedalus-Projekt beim Massachusetts Institute of Technology programmiert.

einigen Einschränkungen. In dieser Untersuchung arbeite ich mit dem System JAVAFOIL. Die Betrachtung des Strömungsgeschehens in der Grenzschicht ist bei einem Potentiallöser in aller Regel direktional; das bedeutet, dass die Grenzschichtanalyse keine Rückmeldung an die potentialtheoretische Strömungslösung enthält und keine (zur Konvergenz führenden) Iterationsschleifen durchlaufen werden. Die Direktionalität schränkt natürlich die Aussagekraft der berechneten Strömungswirklichkeit des Potentiallösers über die reale Strömung ein. Für das wandnahe Strömungsgeschehen berechnet JAVAFOIL keine laminaren Trennblasen und modelliert keine Strömungstrennung in derartigen Strömungsgebieten. Immer dann, wenn solche Effekte auftreten, werden die Berechnungsergebnisse ungenau.

Eine Auftrennung der Strömung, wie sie bei Stall auftritt, wird nur bis zu einem gewissen Grad durch empirische modellierte Korrekturen beschrieben. Strömungstrennung und Stall speziell sind dreidimensionale Strömungsgeschehen und auch schnittweise durch einen zweidimensionalen Strömungslöser nicht darstellbar. Für Strömungszustände, die jenseits des Stallpunktes liegen, liefert der (zweidimensionale) Potentiallöser ungenaue Ergebnisse. Eine genauere Analyse der Grenzschichtströmung würde ein anspruchsvolleres Verfahren zur Lösung der Navier-Stokes-Gleichungen erfordern; dies ist (im Falle einer CFD-Rechnung) mit einer Steigerung der CPU-Zeit um den Faktor 1000 verbunden.

Im Potentiallöser JAVAFOIL ist eine klassische Panel-Methode implementiert, um das lineare Potential-Flow-Feld zu bestimmen. Wie bei den meisten Panel-Methoden erhöht sich die Lösungszeit für das lineare Gleichungssystem mit dem Quadrat der Anzahl der Unbekannten. Daher ist es ratsam, die Anzahl der Punkte auf Werte zwischen 50 und 150 zu begrenzen. Diese relativ kleine Zahl liefert bereits ausreichend Genauigkeit der Ergebnisse. Für die Simulation der wandnahen (Grenz-schicht-) Strömung wird eine Grenzschichtintegration nach Eppler durchgeführt. Solche ganzheitlichen Methoden basieren auf Differentialgleichungen, die das Wachstum der Grenzschicht-parameter in Abhängigkeit von der lokalen Strömungsgeschwindigkeit ermitteln. Während genaue analytische Formulierungen für laminare Grenzschichten vorhanden sind, ist für den turbulenten Teil eine empirische Korrelationen erforderlich. Methoden zur Vorhersage des Übergangs von laminar zu turbulenter Strömung wurden seit den frühen Tagen der Prandtl'schen Grenzschichttheorie von vielen Autoren entwickelt. Grundsätzlich ist es möglich, die Stabilität einer Grenzschicht numerisch zu analysieren. Dennoch sind alle praktischen und schnellen Methoden mehr oder weniger auf empirische Beziehungen angewiesen, die meist aus Experimenten abgeleitet sind. Die lokalen Parameter an einem Punkt P auf der Kontur des Profils sind das Ergebnis einer Integration (der Strömungsgrößen um P) und enthalten und verarbeiten damit Informationen über die Geschichte der Strömung. Die Wirkung der Rauigkeit auf den Übergang von der laminaren in die tubulente Strömung ist komplex und kann mit einem Potentiallöser nicht genau simuliert werden. Auch moderne direkte numerische Simulationsmethoden haben Schwierigkeiten den Effekt zu simulieren. JAVAFOIL besitzt einen Friktionsansatz mit dem zwei Effekte der Oberflächenrauigkeit modelliert werden: (1) Die laminare Strömung wird auf einer rauen Oberfläche destabilisiert, was zu einem vorzeitigen Übergang führt und (2) laminare als auch turbulente Strömung erzeugen auf rauen Oberflächen einen höheren Reibungswiderstand. Aus dem Vergleich mit Lösungen aus Experimenten am Strömungskanal kann dem Potentiallöser in ausgesuchten Fällen eine zufriedenstellende Voraussagewahrscheinlichkeit attestiert werden.

XFOIL ist ein interaktives Programm zum Entwurf und zur Berechnung von Tragflächenprofilen im Unterschallbereich.

STANDARDISIERUNG LABFin, ELL-Profil und   Fin

Die LAB-Fin-Standardisierung betrifft eine vollparametrisierte Laborfinne deren Gestalt mit geringen deklaratorischen Mitteln beschreiben werden kann. Die Laborfinne dient in der laufenden Forschungskampagne als Technik- und Technologiedemonstrator. Der LAB-Fin-Standardisierung liegt die Idee einer fludmechanisch wirksamen Leit- und Steuertragfläche für kleine Seefahrzeuge zu Grunde, die durch einfache geometrische Elemente beschrieben wird. LAB-Fin kann skaliert und mit unterschiedlichen Profilkonturen ausgestattet werden. Für die Beschreibung der Konturen wird auf Datenbanken oder Profiltabellen verwiesen (siehe hierzu auch: Abbot und Doenhoff[6], Eppler[7] und Gorrell[8]). Die Laborfinne LAB-Fin ist ein standardisierter Messkörper, der durch lediglich vier Parameter [P0] [P1] [P2] [P3] eindeutig definiert ist. Der Parameter P0 ist die Profiltiefe an der Flügelwurzel t [mm], der Parameter P1 ist die spezifische Profildicke d/t [%]. Der Parameter P2 ist die spezifische Profiltiefe am Tragflügelende (Flügel-Tip) b/t [%], der Parameter P3 ist die spezifische Tragflügellänge a/t [%] der Finne. Die Profilkontur und weitere Features der Finne, die das Strömungsteil spezifizieren, können der Deklaration nachgestellt werden, wie folgt:

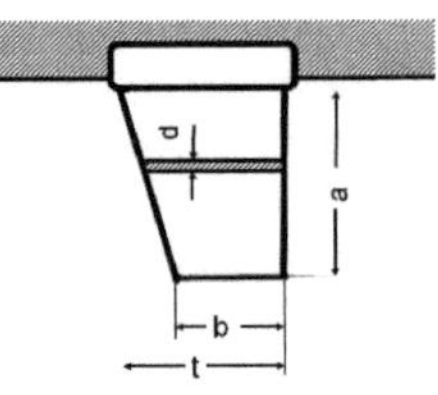

LABFin[t,mm],[d/t,%],[a/t,%],[b/t,%],[Profil],[Feature 1],..,[Feature n]

Die Glattheit der Tragflügeloberfläche und die Tragflügelprofilkontur sollen in einer Grundkonfiguration als gegeben und gesetzt gelten, so dass sich die Spezifikation vereinfacht zu: **LABFin [P0] [P1] [P2] [P3].**
LABFin ist einer systematischen simulationstechnischen Analyse und messtechnischen Validierung zugänglich. Die Analyse der mechanische Beanspruchung von Bauteilen und Baugruppen erfolgt mit klassischen Methoden der technischen Mechanik, wie etwa der Elastischen Theorie oder mit numerischen Verfahren, z.B. der Finite Element Methode (FEM). Die Strömungswirklichkeit wird nach der Potentialtheorie grob ermittelt und in einem zweiten Hub mit Finite Volumen Verfahren realitätsnah analysiert (Computational Fluid Dynamics, CFD). Die standardisierte Finne ist außerdem einer Analyse der Fluid- Struktur-Wechselwirkung (Fluid Structure Interaction, FSI) zugänglich.

Eingabeparameter	absolute Abmessung		Parameter
Profiltiefe an der Flügelwurzel	t	[m]	P0
Profildicke	d	[m]	
Profiltiefe am Tragflügel-Tip	b	[m]	
Tragflügellänge	a	[m]	

Geometriebeschreibung	relative Abmessung	Parameter

---

[6] [Abbo-59]   Ira H. Abbott, Albert E. von Doenhoff: Theory of Wing Sections: Including a Summary of Airfoil Data. Dover Publications, New York 1959

[7] [Eppl-90]   Richard Eppler: Airfoil Design and Data. Springer, Berlin, New York 1990

[8] [Gorr-17]   Edgar Gorrell, S. Martin: Aerofoils and Aerofoil Structural Combinations. In: NACA Technical Report. Nr. 18, 1917.

Spezifische Profildicke	d/t	[%]		P1
Spezifische Profiltiefe (Flügel-Tip)	b/t	[%]		P2
Spezifische Tragflügellänge	a/t	[%]		P3
Schlankheitsgrad	λ	[-]	$= 2 \cdot a / (t+b)$	
bugwärtigen Pfeilungswinkel	β	[°]	$= \arctan((t-b)/a)$	

Aus der Definition der Laborfinnengeometrie ergibt sich ein Schlankheitsgrad λ (Aspect Ratio) des Tragflügels und den bugwärtigen Pfeilungswinkel β. Formwiderstand, indizierter Widerstand und der Lift der Tragfläche sind über die Lateralfläche des Tragflügels determiniert, der Reibungswiderstand mit der benetzten Tragflügelfläche und der Druck-widerstand über die (in Fahrtrichtung) projezierte Tragflügelfläche:

laterale Tragflügelfläche	A	$[m^2]$	$=$	$(a \cdot t) - (a2 \tan \beta)/2$
benetzte Tragflügelfläche	A_b	$[m^2]$	$=$	$(2 \cdot a \cdot t) - (a2 \tan \beta)$
projezierte Anströmfläche	A_S	$[m^2]$	$=$	$d \cdot a$

Für das Mittelschnittverfahren ist der Druckmittelpunkt $PS(x_S,y_S)$, aller angreifenden Kräfte von Bedeutung. Der Lagrange Koordinatenursprung mit (KoordinatenNull: x0=t0 , y0=a0) soll am bugwärtigen Fuß (Flügelwurzel) der Surfboardtragfläche gedacht, liegen.

Druckmittelpunkt $PS(x_S,y_S)$:	x_S	[m]	$=$	$(2t2 - 2bt - b2)/3(t+b)$
	y_S	[m]	$=$	$a(t + 2b)/ 3(t+b)$
Profilkontur (exemplarisch)			Standardprofil, z.B. NACA 0006; ELL0530, ELL0650	
Oberfläche			alsoFeature (glatt, rau, ggf. NACA-Standard)	
Hersteller- PLUG			alsoFeature (exemplarisch Sockel, oder *FUTURES*[9])	

Die ELL-Profil-Standardisierung betrifft ein fluidmechanisch wirksames, lateralsymmetrisches Strömungsprofil, dessen Kontur durch das geometrischen Elemente Ellipse beschrieben und durch zwei Parameter [p1][p2] vollständig und eindeutig definiert ist, wie folgt: "ELL [p1][p2]". p1 sei die spezifische Profildicke d/t [%] und p2 die spezifische Dickenrücklage xd/t [%] des symmetrischen Profils. Die Kontur des symmetrischen Profils entsteht, indem eine bugseitige (Halb-) Ellipse und eine heckseitige (Halb-) Ellipse, ausgerichtet an deren jeweiligen kongruenten Konstruktionskreis angeordnet, eine gemeinsame Symmetrieachse besitzen. Das Strömungsprofil "ELL [p1][p2]" ist für Kraft- und Arbeitstragflächen geeignet. Ausprägungen und Varianten des fluidmechanisch wirksames Strömungsprofils können in Serien systematisiert und geordnet, skaliert und parametrisiert werden derart, dass das Profil für unterschiedliche Anströmbedingungen fluidmechanisch wirksam und geeignet ist. Für alle Punkte P(x,y) die Element einer Ellipse sind, gilt die Ellipsengleichung $(x^2/a^2)+(y^2/d^2)= 1$. Für die bugwärtige Ellipse ist das a_H gegeben mit a_B=xd/2. Für die heckwärtige Ellipse ist a_H gegeben mit a_H=(t-xd)/2. Mit den Parametern p1, die spezifische Profildicke d/t [%] und p2, die spezifische (auf die Profiltiefe t bezogene) Dickenrücklage xd/t [%] des symmetrischen Profils ist die Profilkontur *ELL*[p1][p2]" definiert.

---

[9] Finnenterminal (Hersteller: *FUTURES*)

PLUG- Länge	L= 115	[mm]
PLUG-Tiefe	T=18	[mm]
PLUG-Dicke	D = 7	[mm]

qFin

Das „synthetische Finnensystem qFin" ist eine lateral und axial symmetrische Surfboardfinne mit elliptischer Profilkontur im LABFin Standard. Das CAD-Modell dieser Finne mit (mit Offset-Terminal) ist in der nebenstehenden Graphik dargestellt.

Niemand würde sich eine derartige Finne an das Surfboard stecken. Daran besteht kein Zweifel. Das das lateral- und axial-symmetrische Profil ELL0650, das mit einer Finne vom Stand der Technik lediglich die Profildicke gemein hat, ist vom analytischen Standpunkt her gesehen reine Fiktion. In der Regel von Herstellern angegeben werden Profilkonturen der vierstelligen NACA-Reihe mit einer Profildicke von 6[mm], also Profilkonturen des Typs NACA 0006. Diese sind gut untersucht, Auftriebs- und Widerstands-koeffizienten sind in Tabellen und Diagrammen abgelegt und liegen dieser Untersuchung vor.

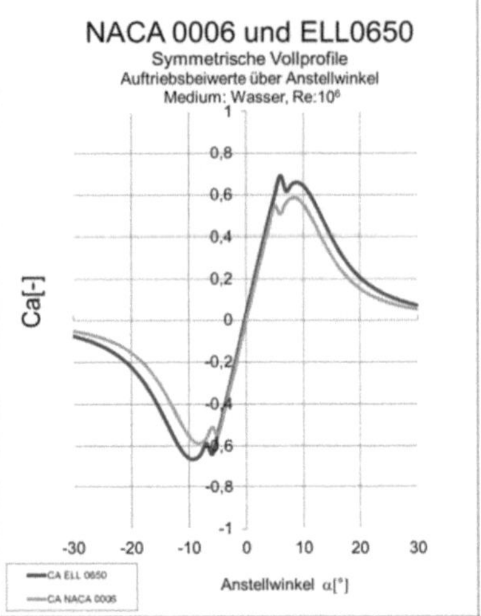

In der Anwendungspraxis dürften elliptische Profilkonturen, ähnlich wie ebene Plattenprofile im Boots- und Jollenbau, durchaus verbreitet sein. Im direkten Vergleich der NACA-Profilkontur NACA0006 mit dem der lateral- und axial-symmetrischen Profil ELL0650 schneidet letzteres sogar ein klein wenig besser ab. Das ist auf den ersten Blick erstaunlich. Das nebenstehende Diagramm fasst die Ergebnisse einer potential-theoretischen Untersuchung der Lift-Koeffizienten zusammen.

Keinerlei positive Überraschungen allerdings sind seitens der Tragflächenkontur zu erwarten. Die synthetische „qFin" übernimmt in dieser Untersuchung auch eher die Funktion eines Kalibriersystems für einen virtuellen Messtank. Den CFD-Simulationen sollen nun zunächst die Berechnung einiger Strömungsgrößen mit dem Mittelschnittverfahren vorangestellt werden.

Berechnungsergebnisse der Potentialanalyse. Auszug, mitunter: Anströmwinkel α, Lift- und Widerstandsbeiwert, CL und Cw, Momentenbeiwert, Transitionspunkt T und Separations-punkt S (upper, lower) in pph der Konturseele und weitere Grenzschichtparameter. Der Stallwinkel wird bei α= 8[°] identifiziert.

α [°]	CL [-]	Cw [-]	$Cm_{0.25}$ [-]	T.U. [-]	T.L. [-]	S.U. [-]	S.L. [-]
0,0	0,069	0,00313	-0,016	0,994	0,987	1,000	0,987
1,0	0,185	0,00678	-0,018	0,030	0,987	1,000	0,988
2,0	0,300	0,00744	-0,020	0,023	0,985	1,000	0,986
3,0	0,414	0,00790	-0,022	0,018	0,986	1,000	0,986
4,0	0,524	0,00852	-0,024	0,012	0,986	1,000	0,987
5,0	0,629	0,00910	-0,026	0,009	0,986	1,000	0,987
6,0	0,582	0,03942	-0,014	0,007	0,986	0,032	0,987
7,0	0,631	0,04533	-0,014	0,005	0,987	0,026	0,988
8,0	0,655	0,05372	-0,015	0,002	0,986	0,023	0,987
9,0	0,650	0,06189	-0,015	0,002	0,986	0,016	0,987
10,0	0,621	0,07389	-0,014	0,001	0,986	0,012	0,987
11,0	0,575	0,08514	-0,015	0,001	0,986	0,010	0,987
12,0	0,519	0,09314	-0,016	0,002	0,986	0,013	0,987
13,0	0,461	0,11072	-0,017	0,001	0,986	0,013	0,987
14,0	0,405	0,12003	-0,018	0,002	0,986	0,013	0,987
15,0	0,353	0,13327	-0,018	0,002	0,986	0,013	0,987
16,0	0,307	0,16027	-0,019	0,002	0,986	0,014	0,987
17,0	0,267	0,17842	-0,020	0,002	0,986	0,015	0,987
18,0	0,232	0,19756	-0,021	0,002	0,986	0,015	0,987
19,0	0,203	0,18830	-0,022	0,003	0,986	0,018	0,987
20,0	0,178	0,20890	-0,023	0,003	0,986	0,020	0,987

Das Analyseprogramm LABFin liefert ein numerisches Modell einer standardisierten Surfboardfinne und wird als Bibliothek in ein lauffähiges Hauptprogramm eingebunden. Dies kann eine Entwicklungsumgebung sein oder eine auf die besonderen Analysebelange zugeschnittenes Steuerprogramm. Das Programm LABFin ermittelt die Manövrierleistung der standardisierten Laborfinne LABFin nach dem Mittelschnittverfahren für Tragflügelanalysen. LABfin ist ein sehr einfaches Programm und sollte in der laufenden Kampagne nur den Taschenrechner als Fehlerquelle ersetzen. In der derzeitigen Version (2017) ist LABFin auf verfügbare Datensätze der zu betrachtenden Tragflügelprofile angewiesen. Es kann sich dabei um Messdaten[10] über reale Tragflügelprofile handeln, oder wie in unserem Fall, um Berechnungsergebnisse der potentialtheoretischen Untersuchung.

---

[10] Siehe auch: The Airfoil Investigation Database, http://www.worldofkrauss.com/foils/578
UIUC Airfoil Coordinates Database, http://www.ae.illinois.edu/m-selig/ads/coord_database.html

Berechnete und abgeleitete Größen in LABFin:

GEOMETRIE

Tragflügelfläche (Aufprojektion)	A_a	[m^2]	
Tragflügelfläche (Frontprojektion)	A_p	[m^2]	
Tragflügelfläche (benetzt)	A_b	[m^2]	
Tragflügeltiefe, Profiltiefe	t	[m]	
Tragflügeltiefe (Tip)	b	[m]	
Tragflügellänge	a	[m]	
Schlankheitsgrad	λ	[-]	$\lambda = A_a / b^2$

KRÄFTE

Strömungskraft	F_S	[N]	
Drehmoment (Seefahrzeug)	M_{FZ}	[Nm]	
Auftrieb, Querkraft, Lift	L	[N]	$L = c_a \cdot A_a \cdot v^2 \cdot \rho/2$
Formwiderstand	R_F	[N]	$R_F = c_w \cdot A_p \cdot v^2 \cdot \rho/2$
Reibungswiderstand	R_R	[N]	$R_R = c_r \cdot A_b \cdot v^2 \cdot \rho/2$
induzierter Widerstand	R_I	[N]	$R_I = c_I \cdot A_a \cdot v^2 \cdot \rho/2$

KOEFFIZIENTEN

Querkraftbeiwert (Messung)	c_L	[-]	
Widerstandsbeiwert	c_r	[-]	$c_r = 1{,}327 \cdot (Re)^{-1/2}$
Widerstandsbeiwert (glatt)	c_r	[-]	$c_r = 0{,}074 \cdot (Re)^{-1/5}$
induzierter Widerstand[11]	c_I	[-]	$c_I = \lambda\, c_L^2 / \pi$

ENERGIE und LEISTUNG

translatorische Verschiebung	s	[m]	
Rotations-Drehwinkel	γ	[°]	
Geschwindigkeit (scheinbar ~)	v	[ms^{-1}]	
Winkelgeschwindigkeit (See-Fz)	ω	[s^{-1}]	
Arbeit, Energie	W	[Nm],[J]	
Leistung (strömungsmechan. ~)	P	[Nms^{-1}],[Js^{-1}],[W]	
Erforderliche Verschiebearbeit	W	[J]	$W_T + W_R = \Sigma\, F_S\, \Delta s + \Sigma\, M_{FZ}\, \Delta\gamma$
Erforderliche Verschiebeleistung	P	[W]	$P_T + P_R = \Sigma\, F_S\, \Delta v + \Sigma\, M_{FZ}\, \omega$

Die Geometrie der Laborfinne ist sehr einfach, der Tragflügel ist ein Trapez mit einer rechtwinkligen Seite oder gar ein Rechteck. Deshalb habe ich für einen ersten Hub auf die Anwendung des feinauflösenden Traglinienverfahrens[12] das einen gewissen Deklarationsaufwand erfordert, verzichtet und ein so genanntes Mittelschnittverfahren

---

[11] gemäß elliptischer Auftriebsverteilung nach Prandtl

[12] Dienst, Mi. (2016) Fast Fluid Computation, FFC, München, GRIN Verlag, http://www.grin.com/de/e-book/322622/fast-fluid-computation-ffc

programmiert. Für die homologe Profilverteilungen des synthetischen Finnensystems Fin liefert das Mittelschnittverfahren die gleichen Berechnungsergebnisse wie ein über die Kontur differenziertes Traglinienverfahren. Niedrigschwelligen Betrachtungen umströmter Körper können mit dem Ansatz der reibungsfreien und rotorfreien Potentialströmung erfolgen.

In der Potentialtheorie werden, unter Berücksichtigung spezieller Randbedingungen, Potentialgleichungen aufgestellt und gelöst. Wir betrachten in diesem Aufsatz nur ebene Strömungsfelder. Wegen der Linearität der Gleichungen gilt für Potentialströmungen das Superpositionsprinzip, das die Darstellung und Berechnung komplexer Lösungen aus der Überlagerung von einfachen Strömungen für die Elementarlösungen erlaubt. Für Potentialströmungen ist die Zirkulation immer dann Null, wenn keine Festkörper oder Singularitäten eingeschlossen werden. Mit der Zirkulation lassen sich Wirbelstärke und Auftriebskräfte berechnen. Als Potential werden hierbei Skalarfunktionen verstanden, deren partielle Ableitung eine Größe mit physikalischer Bedeutung angibt. Ist eine Strömung wirbelfrei, so folgen aus dem Gradienten der Feldfunktion die Geschwindigkeits-komponenten der Strömung. Bei wirbelfreien Strömungen sind die Vektorkomponenten nicht mehr unabhängig voneinander sondern über das Potential verbunden. Nach dem Satz von Kutta-Joukowsky kann die auftriebsbehaftete Umströmung eines Profils als Kombination aus Parallel- und Zirkulationsströmung betrachtet werden, wenn die (Kutta'sche) Abfluss-bedingung erfüllt ist. Diese fordert ein glattes Abströmen des Fluids an der Hinterkante.

Für die Laborfinne **Fin** mit der Spezifikation LABFin[100][6][100][100][ELL0650] ermitteln wir mit dem Programmsystem LABFin eine radiale Manövrierleistung von P_{Lift}=363 [W] bei einer Geschwindigkeit von 5[m/s]. Die Liftkraft in radialer Richtung und die axiale Widerstandskraft, welche die die Laborfinne bei einem Anströmwinkel von a=5° entwickelt, kann die Rolle einer Validierungsgröße spielen.

Berechnungsergebnisse aus Analyse LABFin (Traglinienverfahren)			
Re=10E6, Wasser, α=6.0 [°], v_{ue}= 5.0 [m/s]			
Modellfinne: LABFin[100][6][100][100][ELL0650],			
Berechnungsgröße	**Wert**	Einheit	Richtung
Liftkraft	72.605	[N]	radial
Form-Widerstands-Kraft	0.295	[N]	axial
Reib-Widerstands-Kraft	1.165	[N]	axial
induzierte Widerstands-Kraft	13.450	[N]	axial
Zirkulation (Randwirbel)	0.291	$[m^2 s^{-1}]$	semiradial

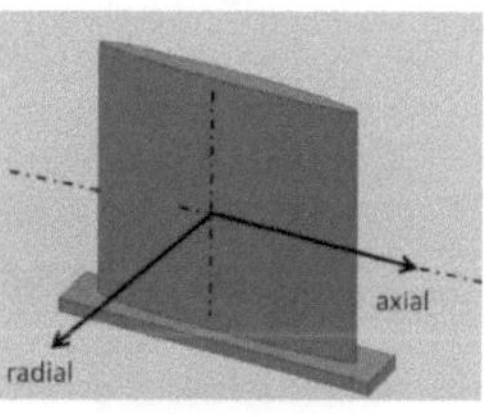

Der Potentiallöser besitzt von Hause aus einen Reibungsansatz. Außerdem wird mit einem Zirkulations-Modell der vom Randwirbel induzierte Widerstand berechnet. Die Ergebnisse der zweidimensionalen Potentialrechnung werden mit einem Traglinienverfahren[13]

---

[13] Dienst, Mi. (2017) Zur numerischen Analyse einer Laborfinne. Mittelschnittverfahren und Manövrierleistung. GRIN Verlag GmbH München, ISBN(e-Book): 9783668374188, ISBN(Buch): 9783668374195

weiterverarbeitet. Für den hier betrachteten Fall der standardisierten **Fin** entspricht dies einem sehr schnell arbeitenden Mittelschnittverfahren mit Berechnungszeiten für eine vollständige Analyse bei t_{LABFin} < 1 Sek.

Die Berechnungsergebnisse der LABFin-Analyse nach dem Traglinienverfahren werden in der nachfolgenden Tabelle angegeben. Hier sind auch noch einmal die Geometriedaten der Modellfinne angegeben. Die Analyseparadigmata sind farbig unterlegt.

Die Berechnung einer Strömungswirklichkeit durch die Potentialtheorie kann in sehr feiner Auflösung geschehen.

Berechnungsergebnisse aus Analyse LABFin (Traglinienverfahren, fein)				
Berechnungsgröße	**Wert**	Einheit	Richtung	
Liftkraft	**86.20**	[N]	radial	
Form-Widerstands-Kraft	0.699	[N]	axial	
Reib-Widerstands-Kraft	1.165	[N]	axial	
induzierte Widerstands-Kraft	18.96	[N]	axial	
Zirkulation (Randwirbel)	0.345	$[m^2s^{-1}]$	semiradial	

Da der Potentiallöser seitens seiner wissenschaftlichen Anwendbarkeit ohnehin kritisch (oft rüde) gewürdigt wird, rechne ich immer in grober Auflösung. In der Umgebung des Separationspunktes der turbulenten Strömung, also bei Analysen mit Anstellwinkeln nahe des Stallpunktes, ist eine besondere Aufmerksamkeit geboten. Im Stall kann eine Liftkraft zehn bis fünfzehn Prozent „einknicken". Dies ist erheblich. Die Strömungswirklichkeit ändert schlagartig ihren Charakter. Innerhalb eines Anstellwinkelschrittes von 0.1 Punkten wandert der Separationspunkt auf der Tragflügel Oberseite von der Profilhinterkante auf eine Position von etwa 30% der oberen Profilkontur. Die Effekte sind aber nicht für elliptische Profilkonturen spezifisch (rote Kurve). Das vergleichbare NACA Profil (blaue Kurve) besitzt einen adäquaten Verlauf des Auftriebsgebarens.

Vor und nach dem Stall. Bis zu diesem Strömungsabriss ist der Verlauf der Kurve des Liftkoeffizienten linear und proportional dem beaufschlagenden Anstellwinkel der Profilkontur. Eine feinauflösende Untersuchung der Profilpolaren zeigt den Knick in der Kraft- und Leistungsentwicklung des Tragflächensystems.

<u>Kraftgrößen</u>   <u>Grenzschichtgrößen</u>

α	CL	Cw	T.U.	T.L.	S.U.	S.L.
5.8	0.672	0.00944	0.007	0.989	1.000	0.990
5.9	0.682	0.00925	0.007	0.989	1.000	0.990
6.0	0.691	0.00935	0.007	0.989	1.000	0.990
6.1	<u>0.564</u>	0.03947	0.006	0.989	<u>0.031</u>	0.990
6.2	0.571	0.04007	0.006	0.989	0.028	0.990
6.3	0.578	0.04061	0.006	0.989	0.029	0.990
6.4	0.585	0.04112	0.006	0.989	0.026	0.990

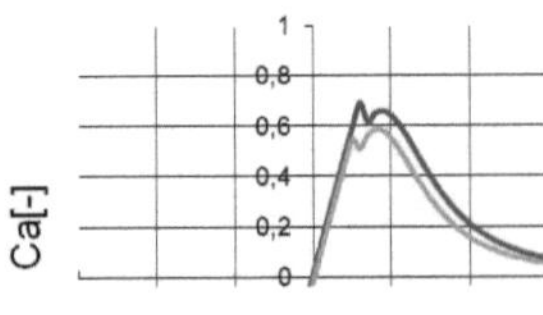

Mit dem Auftriebsgebaren im Stall bricht natürlich auch die Zirkulation um die Tragflügeloberkante ein. Da wir aus der Zirkulation den so genannten „induzierten

Widerstand" ableiten, klingt das zunächst nach einer „frohen Botschaft". Beim Induzierten Widerstand handelt es sich um eine in die Strömung eingetragene Energie – die Finne arbeitet in diesem Fall als Arbeitstragfläche – die dem Tragflügelsystem verloren geht.

Analysedaten für eine Laborfinne mit dem Programm LABFin (V1.1.) Mittelschnittverfahren (grob)				
Berechnungs- und Messdaten			LABFin[100][6][100][100][ELL0650]	
INDEX	Wert	Dim	Beschreibung	inProgm
1	0.100000	[m]	t Standard-Profil-Konturtiefe Wurzel (setting)	t
2	0.100000	[-]	a Tragflügellänge (setting)	a
3	0.100000	[-]	b Profil-Konturtiefe Tip (setting)	b
4	0.006000	[m]	D Profil-Dicke Wurzel (ELL-Spezifikation)	d
5	0.582000	[-]	CL Liftbeiwert aus Analyse	CL
6	0.039400	[-]	CW Widerstandsbeiwert aus Analyse	CW
7	6.000000	[°]	Anströmwinkel aus Analyse	aS
8	5.000000	[m s-1]	Basis-Geschwindigkeit (Vunendlich)	vv
9	1000000.000000	[-]	RE, Reynoldszahl	RE
0	0.000000	[°]	Pfeilungswinkel Tragflügel (bugseitig)	beta_b
1	1.000000	[-]	Schlankheitsgrad Tragflügel (Aspect Ratio)	AspR
2	0.010000	[m2]	Tragflügelflaeche lateral (radial)	A_LAT
3	0.020000	[m2]	Tragflügelflaeche benetzt (radial)	A_BEN
4	0.000600	[m2]	Tragflügelflaeche projeziert (axial)	A_PRJ
5	-0.016667	[m]	x-Druckmittelpunkt auf Tragflügel (radial)Null=x0	PsX
6	0.050000	[m]	y-Druckmittelpunkt auf Tragflügel (radial)Null=y0	PsY
7	8.000000	[°]	Winkel der Anströmrichtung, Stallwinkel	aS
8	5.000000	[ms-1]	v-unendlich resultieren geg. Profilseele	vreu
9	-0.727500	[ms-1]	v-unendlich x-Komponente.	vxue
0	4.946791	[ms-1]	v-unendlich y-Komponente.	vyue
1	0.582000	[-]	Lift-Koeffi (aus Analyse NACA)	c_LIFT
2	0.039400	[-]	Form-Koeffi (aus Analyse NACA)	c_DRAG
3	0.004669	[-]	Reibungs-Koeffi (NACA)	c_FRIC
4	0.107819	[-]	induziert-wi-Koeffi (NACA)	c_INDU
5	0.291000	[m2s-1]	Zirkulation am Fluegel-Tip	vortty
6	**72.604500**	[N]	**Liftkraft**	K_LIFT
7	**0.294909**	[N]	Form-Wi-Kraft	K_DRAG
8	**1.164937**	[N]	Reib-Wi-Kraft	K_FRIC
9	**13.450443**	[N]	induzierte Wi-Kraft	K_INDU
0	**14.910289**	[N]	**totale Wi-Kraft**	K_SUMM
1	**74.119701**	**[N]**	**resultierende ManoevererKraft**	**K_RES**
2	78.4	[°]	Kraftrichtung(Manoever); Null = achteraus	gama_Kroo
3	363.022500	**[W]**	**LiftLeistung**	**P_LIFT**
4	1.474545	[W]	Form-Wi-Leistung	P_DRAG
5	5.824683	[W]	Reib-Wi-Leistung	P_FRIC
6	67.252217	[W]	induzierte Wi-Leistung	P_INDU
7	74.551445	**[W]**	**totale Widerstands-Leistung**	**P_SUMM**
8	370.598507	**[W]**	**resultierende ManoevererLeistung**	**P_RES**
9	78.39	[°]	Leistungsrichtung(Manoever); Null = achteraus	gama_Pres

Analysedaten für eine Laborfinne mit dem Programm LABFin (V1.1.) Mittelschnittverfahren (fein)				
Berechnungs- und Messdaten			LABFin[100][6][100][100][ELL0650]	
INDEX	Wert	Dim	Beschreibung	inProgm.
1	0.100000	[m]	t Standard-Profil-Konturtiefe Wurzel (setting)	t
2	0.100000	[-]	a Tragflügellänge (setting)	a
3	0.100000	[-]	b Profil-Konturtiefe Tip (setting)	b
4	0.006000	[m]	D Profil-Dicke Wurzel (ELL-Spezifikation)	d
5	0.691000	[-]	CL Liftbeiwert aus Analyse	CL
6	0.093500	[-]	CW Widerstandsbeiwert aus Analyse	CW
7	6.000000	[°]	Anströmwinkel aus Analyse	aS
8	5.000000	[m s-1]	Basis-Geschwindigkeit (Vunendlich)	vv
9	1000000.000000	[-]	RE, Reynoldszahl	RE
0	0.000000	[°]	Pfeilungswinkel Tragflügel (bugseitig)	beta_b
1	1.000000	[-]	Schlankheitsgrad Tragflügel (Aspect Ratio)	AspR
2	0.010000	[m2]	Tragflügelflaeche lateral (radial)	A_LAT
3	0.020000	[m2]	Tragflügelflaeche benetzt (radial)	A_BEN
4	0.000600	[m2]	Tragflügelflaeche projeziert (axial)	A_PRJ
5	-0.016667	[m]	x-Druckmittelpunkt auf Tragflügel (radial)Null=x0	PsX
6	0.050000	[m]	y-Druckmittelpunkt auf Tragflügel (radial)Null=y0	PsY
7	6.000000	[°]	Winkel der Anströmrichtung, Stallwinkel	aS
8	5.000000	[ms-1]	v-unendlich resultieren geg. Profilseele	vreu
9	-0.727500	[ms-1]	v-unendlich x-Komponente.	vxue
0	4.946791	[ms-1]	v-unendlich y-Komponente.	vyue
1	0.691000	[-]	Lift-Koeffi (aus Analyse NACA)	c_LIFT
2	0.093500	[-]	Form-Koeffi (aus Analyse NACA)	c_DRAG
3	0.004669	[-]	Reibungs-Koeffi (NACA)	c_FRIC
4	0.151987	[-]	induziert-wi-Koeffi (NACA)	c_INDU
5	0.345500	[m2s-1]	Zirkulation am Fluegel-Tip	vortty
6	86.202250	[N]	**Liftkraft**	K_LIFT
7	0.699848	[N]	Form-Wi-Kraft	K_DRAG
8	1.164937	[N]	Reib-Wi-Kraft	K_FRIC
9	18.960367	[N]	induzierte Wi-Kraft	K_INDU
0	20.825151	[N]	**totale Wi-Kraft**	K_SUMM
1	88.682100	**[N]**	**resultierende ManoeverierKraft**	**K_RES**
2	76.418434	[°]	Kraftrichtung(Manoever); Null = achteraus	gama_Kres
3	431.011250	**[W]**	**LiftLeistung**	**P_LIFT**
4	3.499238	[W]	Form-Wi-Leistung	P_DRAG
5	5.824683	[W]	Reib-Wi-Leistung	P_FRIC
6	94.801833	[W]	induzierte Wi-Leistung	P_INDU
7	104.125753	**[W]**	**totale Widerstands-Leistung**	**P_SUMM**
8	443.410498	**[W]**	**resultierende ManoeverierLeistung**	**P_RES**
9	76.418434	[°]	Leistungsrichtung(Manoever); Null = achteraus	gama_Pres

Bibliographie, Quellen und weiterführende Literatur

[Abbo-59]   Ira H. Abbott, Albert E. von Doenhoff: Theory of Wing Sections: Including a Summary of Airfoil Data. Dover Publications, New York 1959.

[Bech-93]   Bechert, D.W.: Verminderung des Strömungswiderstandes durch bionische Oberflächen. In: VDI-Technologieanalyse Bionik, S. 74 – 77. VDI-Technologiezentrum Düsseldorf 1993.

[Bech-97]   Bechert, D.W., Biological Surfaces and their Technological Application. 28th AIAA Fluid Dynamics Conference: 1997

[Die 17-6]   Dienst, Mi. (2017) Reihenuntersuchung zu elliptischen Profilkonturen für Leit- und Steuertragflächen. Zur Analyse der Strömungswirklichkeit von Surfboard-Finnen. GRIN-Verlag GmbH München, ISBN(Buch): 9783668390751.

[Die 17-4]   Dienst, Mi. (2017) Superformance of Surfboard Fins. Bionik, Leistungsähnlichkeit und affine Skalierung. GRIN-Verlag GmbH München, ISBN(Buch): 9783668377158

[Die 17-3]   Dienst, Mi. (2017) Performance und Downsizing von Surfboardfinnen. Beitrag zur Phänomenologie und Strömungswirklichkeit. GRIN-Verlag GmbH München, ISBN(Buch): 9783668374898

[Die 17-1]   Dienst, Mi. (2017) Zur numerischen Analyse einer Laborfinne. Mittelschnittverfahren und Manövrierleistung. GRIN-Verlag GmbH München, ISBN(Buch): 9783668374195.

[Die15-7]   Dienst, Mi. (2015) Dossier über die Forschung der BIONIC RESEARCH UNIT der Beuth Hochschule für Technik Berlin, GRIN-Verlag GmbH München, ISBN (Buch) 978-3-668-02184-6.

[Die13-3]   Dienst, Mi.(2013) Reihenuntersuchung zu Profilkonturen für Leit- und Steuerflächen von Seefahrzeugen. Datenreihe ERpL2050. GRIN-Verlag GmbH München, ISBN 978-3-656-47215-5

[Die11-4]   Dienst, Mi.(2011) Methoden in der Bionik. Die Reynoldsbasierte Fluidische Fitness. GRIN-Verlag GmbH München.

[Die09-4]   Dienst, Mi.(2009) Physical Modelling driven Bionics. GRIN-Verlag München.

[DUB-95]   Dubbel, Handbuch des Maschinenbaus, Springer Verlag Berlin, 15.Auflage 1995.

[Eppl-90]   Richard Eppler: Airfoil Design and Data. Springer, Berlin, New York 1990.

[Fli-02]   Flindt, R. (2002) Biologie in Zahlen Berlin: Spektrum Akademischer Verl.

[Fren-94]   French, M.: Invention and Evolution: design in nature and engineering. Cambridge University Press. Cambridge 1994.

[Fren-99]   French, M.: Conceptual Design for Engineers. Berlin, Heidelberg, New York, London, Paris, Tokio: Springer: 1999

[Gel-10]   Produktinformation, 05 2010, GELITA 69412 Eberbach. www.gelita.com

[Guen-98]   Günther, B., Morgado, E. (1998) Dimensional analysis and allometric equations concerning Cope's rule. Revista Chilena de Historia Natural 71: 331-335, 1989

[Gör-75]   Görtler, H. Diemensionsanalyse. Berlin Springer 1975

[Gorr-17]   Edgar Gorrell, S. Martin: Aerofoils and Aerofoil Structural Combinations. In: NACA Technical Report. Nr. 18, 1917.

[Guen-66]   Günther, B., Leon, B. (1966) Theorie of biological Similarities, nondimensional Parameters and invariant Numbers. Bulletin of Mathematical Biophysics Volume 28, 1966.

[Gutm-89]   Gutmann, W.: Die Evolution hydraulischer Konstruktionen. Verlag W. Kramer: Frankfurt am Main, 1989.

[Hüt-07]   Hütte, 2007, 33. Auflage, Springer Verlag. S.E147

[Hux-32]   Huxley, J.S. (1932) Problems of relative Growth. London: Methuen.

[Katz-01]   Joseph Katz, Allen Plotkin (2001) Low-Speed Aerodynamics (Cambridge Aerospace Series) Cambridge University Press; 2 edition (February 5, 2001)

[Liao-03]   Liao, J.C.; Beal, D.; Lauder, G.; Triantayllou, M. Fish Exploting Vortices Decrease Muscle Activty. In: Science 2003, S. 1566-1569. AAAS. 2003.

[Lech-14]   Lecheler, S. (2014) Numerische Strömungsberechnung Springer Verlag Berlin Heidelberg. ISBN 978-3-658-05201-0

[Matt-97]   Mattheck, C.: Design in der Natur. Rombach Verlag. Freiburg 1997.

[Mial-05]   B. Mialon, M. Hepperle: "Flying Wing Aerodynamics Studies at ONERA and DLR", CEAS/KATnet Conference on Key Aerodynamic Technologies, 20.-22. Juni 2005, Bremen.

[Nac-01]   Nachtigall, W. (2001) Biomechanik. Braunschweig: Vieweg Verlag.

[Nach-98]   Nachtigall, W. : Bionik – Grundlagen und Beispiele für Ingenieure und Naturwissenschaftler. Springer-Verlag, Berlin-Heidelberg-New York 1998.

[Nach-00]   Nachtigall, Werner; Blüchel, Kurt. Das große Buch der Bionik. Stuttgart: Deutsche Verlags Anstalt: 2000.

[Oert-11]   Oertel jr., H., Böhle, M., Reviol, Th. (2011) Strömungsmechanik, Grundlagen. Springer Verlag Berlin Heidelberg. ISBN 978-3-8348-8110-6

[PaBe-93]   Pahl. G.; Beitz, W.: Konstruktionslehre, 3.Auflage. Berlin- Heidelberg-New York-London-Paris-Tokio: Springer 1993

[Pflu-96]   Pflumm, W. (1996) Biologie der Säugetiere. Berlin: Blackwell Wissenschaftsverlag.

[Rech-94]   Rechenberg, Ingo. Evolutionsstrategie'94. Frommann-Holzoog Verlag. Stuttgart: 1994.

[Scha-13]   Schade, H. (2013) Strömungslehre. De Gruyter Verlag. ISBN-13: 978-3110292213

[Schü-02]   Schütt, P., Schuck, H-J., Stimm, B. (2002) Lexikon der Baum- und Straucharten. Nikol, Hamburg, ISBN 3-933203-53-8

[Tham-08]   Siekmann, H.E., Thamsen, P. U. (2008) Strömungslehre Grundlagen, Springer Verlag Berlin Heidelberg. ISBN 978-3-540-73727-8

[Tho-59]   Thompson, D'Arcy, W. (1959) On Growth and Form. London: Cambridge University Press. (Neuauflage der Originalschrift 1907)

[Tho-92]   Thompson, D W., (1992). *On Growth and Form*. Dover reprint of 1942 2nd ed. (1st ed., 1917). ISBN 0-486-67135-6

[Tria-95]   Triantafyllou, M.: Effizienter Flossenantrieb für Schwimmroboter. In: Spektrum der Wissenschaft 08-1995, S. 66–73. Spektrum der Wissenschaft- Verlagsgesellschaft mbH, Heidelberg 1995.

[Zie - 72]   Zierep, J. (1972) Ähnlichkeitsgesetze und Modellregeln der Strömungslehre.

[Vos-15-2]   M. Voß, H.-D. Kleinschrodt, M. Dienst: "Experimentelle und numerische Untersuchung der Fluid-Struktur-Interaktion flexibler Tragflügelprofile", Resarch Day 2015 - Stadt der Zukunft Tagungsband - 21.04.2015, Mensch und Buch Verlag Berlin, S. 180- 184, Hrsg.: M. Gross, S. von Klinski, Beuth Hochschule für Technik Berlin, September 2015, ISBN:978-3-86387-595-4.

[Vos-15-1]   M. Voss, P.U. Thamsen, H.-D. Kleinschrodt, M. Dienst (2015): "Experimeltal and numerical investigation on fluid-structure-interaction of auto-adaptive flexible foils", Conference on Modelling Fluid Flow (CMFF'15), Budapest, Ungarn, 1.-4. September 2015, ISBN (Buch): 978-963-313-190-9.

[Vos-15-2]   M. Voss, (2015) Experimentelle und numerische Untersuchung flexibler Tragflügelprofile. Dissertation, Technische Universität Berlin 2015.

[W-1]   http://de.wikipedia.org/wiki/Profil (abgerufen 04042016)

[W-2]   The Airfoil Investigation Database, http://www.worldofkrauss.com/foils/578 (abgerufen 04042016)

[W-3]   UIUC Airfoil Coordinates Database, (abgerufen 04042016) http://www.ae.illinois.edu/m-selig/ads/coord_database.html

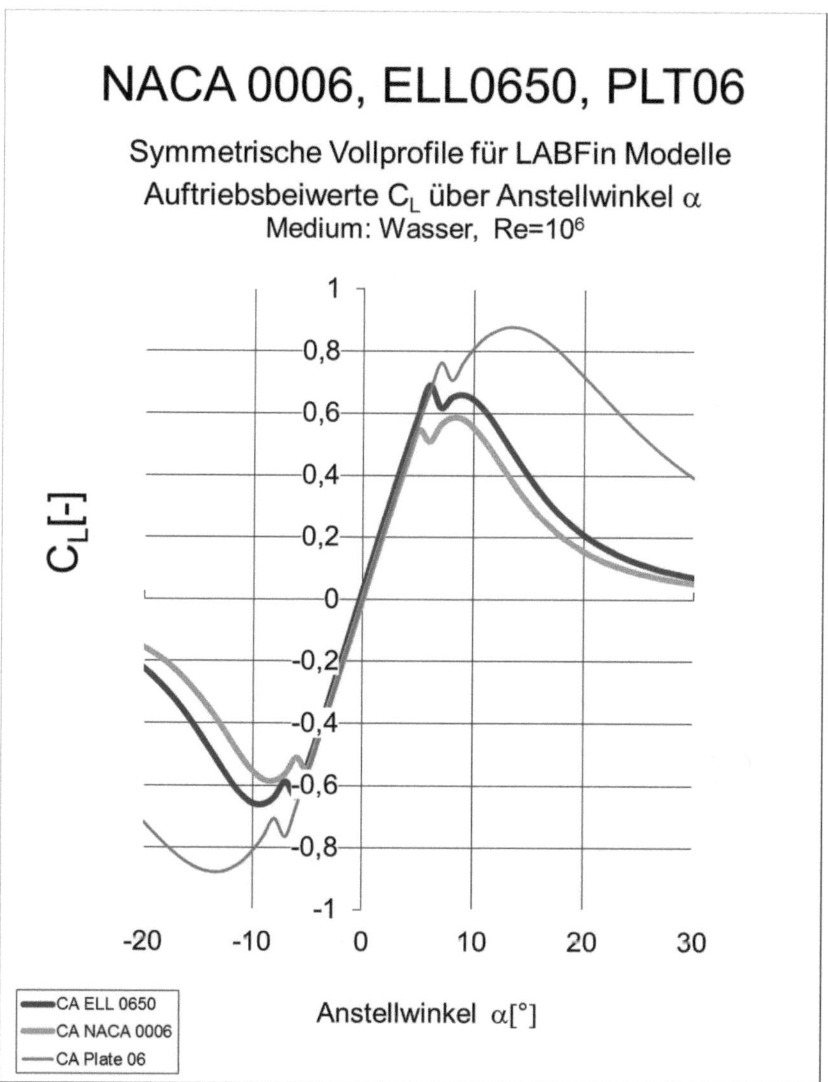

NACA 0006, ELL0650, PLT06
Symmetrische Vollprofile für LABFin Modelle
Auftriebsbeiwerte C_L über Anstellwinkel α
Medium: Wasser, Re=10^6
1
0,8
0,6
0,4
0,2
0
-0,2
-0,4
-0,6
-0,8
-1
C_L[-]
-20
-10
0
10
20
30
Anstellwinkel α[°]
CA ELL 0650
CA NACA 0006
CA Plate 06

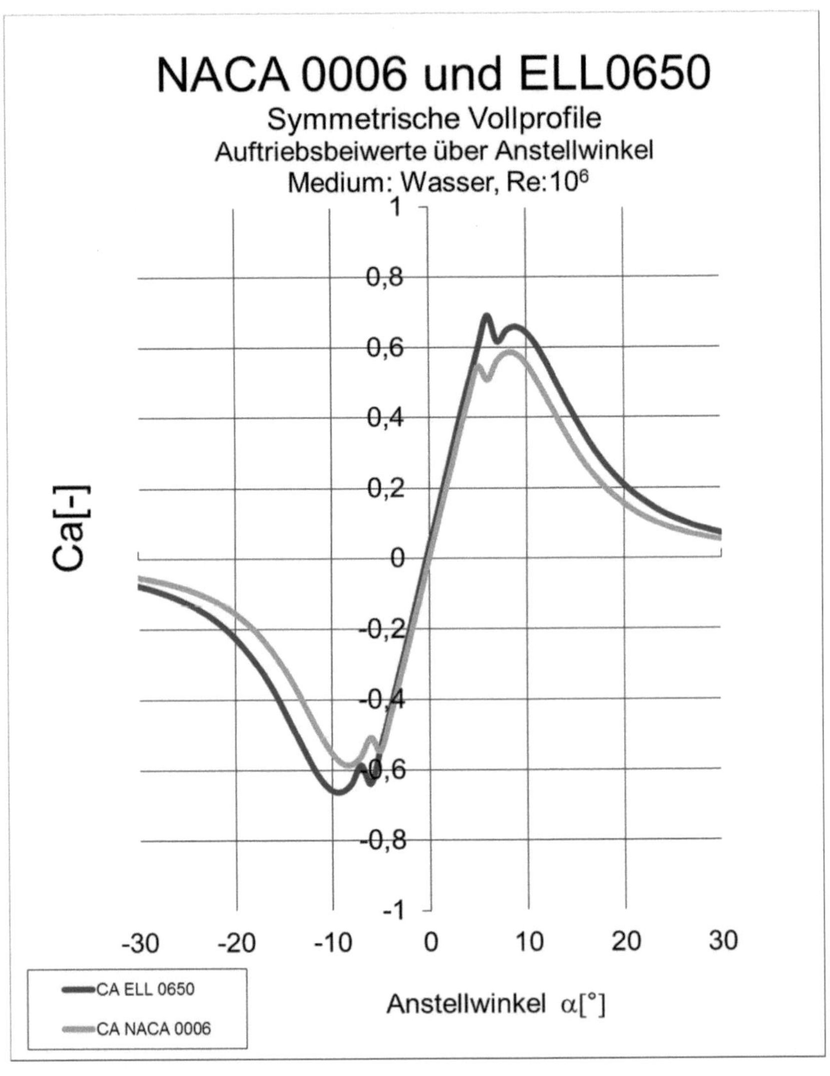

NACA 0006 und ELL0650
Symmetrische Vollprofile
Auftriebsbeiwerte über Anstellwinkel
Medium: Wasser, Re:10⁶
Ca[-]
Anstellwinkel α[°]
CA ELL 0650
CA NACA 0006

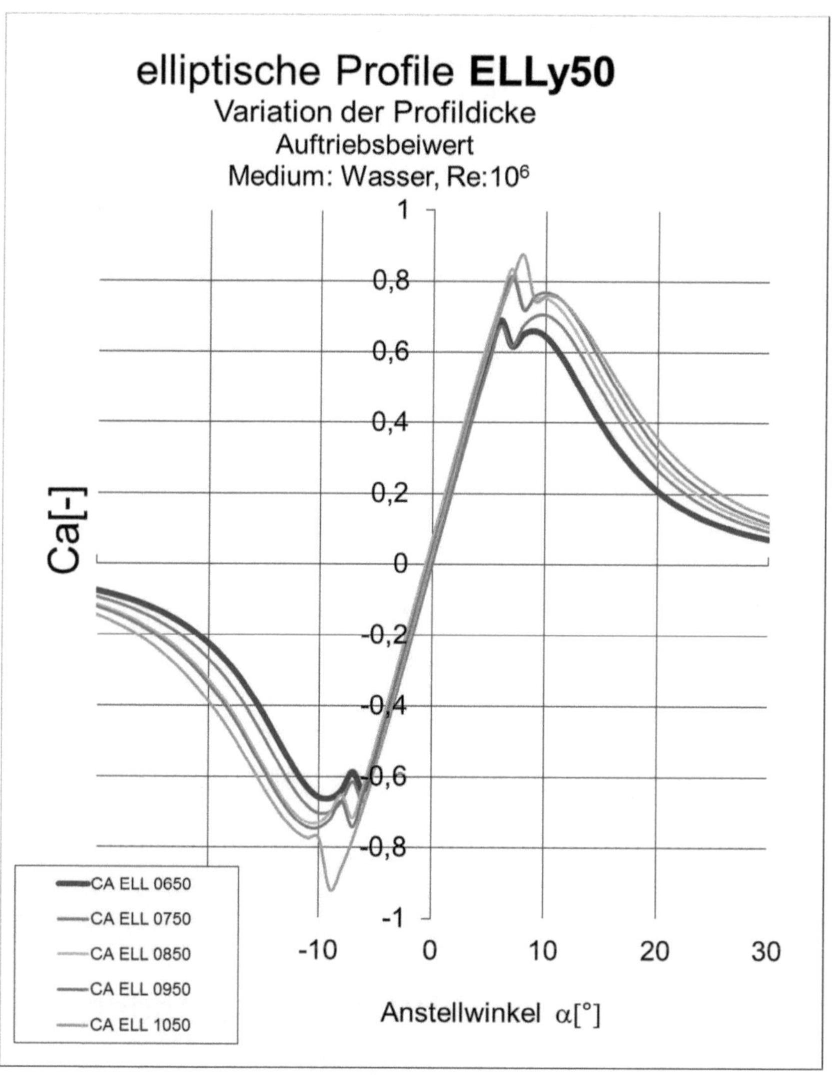

elliptische Profile ELLy50
Variation der Profildicke
Auftriebsbeiwert
Medium: Wasser, Re:10^6
1
0,8
0,6
0,4
0,2
0
-0,2
-0,4
-0,6
-0,8
-1
Ca[-]
-10
0
10
20
30
Anstellwinkel α[°]
CA ELL 0650
CA ELL 0750
CA ELL 0850
CA ELL 0950
CA ELL 1050